犀照·意解心开

案頭書
DESK BOOK

延庆野花

刘华杰——著

中国科学技术出版社
·北 京·

图书在版编目（CIP）数据

延庆野花 / 刘华杰著 .— 北京：中国科学技术出版社，2016.11

ISBN 978-7-5046-7286-5

Ⅰ . ①延… Ⅱ . ①刘… Ⅲ . ①野生植物—花卉—延庆县—图集 Ⅳ . ① Q949.408-64

中国版本图书馆CIP数据核字（2016）第265699号

策划编辑 杨虚杰
责任编辑 王卫英
封面制图 李聪颖
责任校对 刘洪岩
责任印制 马宇晨

出　　版 中国科学技术出版社
发　　行 中国科学技术出版社发行部
地　　址 北京市海淀区中关村南大街 16 号
邮　　编 100081
发行电话 010—62173865
传　　真 010—62173081
投稿电话 010—62103347
网　　址 http://www.cspbooks.com.cn

开　　本 787mm × 1092mm　1/16
字　　数 80 千字
印　　张 15.75
版　　次 2017 年 1 月第 1 版
印　　次 2017 年 1 月第 1 次印刷
印　　刷 北京利丰雅高长城印刷有限公司

书　　号 ISBN 978-7-5046-7286-5/Q · 198
定　　价 58.00 元

目录

写在前面

延庆区，原称延庆县，位于北京西北部，南接昌平区，东接怀柔区；北邻河北赤城县，西邻怀来县。

延庆平均海拔比北京城区高约500米，由北京城区到达延庆要翻越一道山岭（军都山），相当于迈上一层阶梯。如果继续向北，再翻越一道山岭到达河北赤城、崇礼、沽源等，就迈上了第二层阶梯。海拔增加，温度相应下降，因而延庆、崇礼是避暑的好地方。

延庆境内主要有两大水系：妫河和白河。妫河以斜躺着的“Y”形穿越县城，上游通龙庆峡和后河，下游通官厅水库。白河从北部由西向东流过。

延庆中间是盆地，南北两侧横亘着巨大的山岭。北部有著名的松山（河北境内称海陀山），2022年冬季奥运会部分雪上项目将在这里举行。

延庆风景优美，道路平顺，适合骑行，也适合驾车。

未来几年，借奥运东风，延庆必将迎来更大的发展。

延庆，一季滑雪，三季赏景、观花，四季都是好去处。

从北京松山与河北海陀（也可写为“坨”）山交界处的山梁向南看北京延庆。
（拍摄地点距赤城阎家坪的垭口处很近。2016年8月3日）

图片左侧（南侧）为北京延庆，右侧（北侧）为河北赤城阎家坪。中间山脊为松山与海陀山的分界线。（2016年8月3日）

黛染青山。海陀山（松山）顶部风景。（2012年8月20日）

昌赤路（S212）旁延庆营城附近的古长城。（拍摄点坐标：N40°24.36'，E116°15.66'。2011年6月9日）

延庆营城古长城敌楼。（2012年8月26日）

延庆高山草甸上的菊科植物紫苞风毛菊，图中还有毛茛科、蓼科、禾本科、伞形科的植物。（2012年8月20日）

延庆野鸭湖冬季的香蒲。（2010年12月18日）

延庆野鸭湖春季的芦苇与黑翅长脚鹬。（2011年4月12日）

延庆野鸭湖的大天鹅与赤麻鸭。（2011年4月12日）

延庆松山的白斑迷蛱蝶。（拍摄点坐标：N 40°30.32'，E 115°46.92'。2010年6月29日）

延庆四海东北部水泉子的北马兜铃果实。（2016年4月1日）

延庆永宁古城玉皇阁，2002年按原貌复建。历史上永宁城的修建早于延庆县城且规格更高、规模更大。（2012年8月26日）

看植物的三类地方

延庆地貌复杂，生态类型多样，植物种类十分丰富。对于喜欢草木的朋友，绝对值得反复前往。看植物的地方，大致可分为三种地貌类型：

（1）高山。高大山岭上，特别是高山草地上，分布着一些特殊的美丽植物，要想一睹其“芳容”，只能爬高。延庆第一高山是松山，位于北京松山国家级自然保护区（从景区内进入不允许爬高）。与它相邻的，东西向山脊的北侧则是河北大海陀国家级自然保护区。对于赏花人来讲，行政地名的区分可以忽略，应当把松山和海陀山视为一体。第二是莲花山，由昌赤路（S212省道）可达。第三是四海东北部水泉子村附近的南沟，由安四路转四沙路可达。另外，还有许多不大出名的，如旧县镇西北部由云瀑沟可抵达的半块豆腐山。

（2）湿地。最主要的是野鸭湖及官厅水库一带，沿京藏高速（G6）、京新高速（G7）或国道（G110）可达。其次是古城河及龙庆峡水库一线，经玉渡山风景区（要翻山）和龙庆峡风景区可达。第三是四海东北部的琉璃河一线。第四是白河堡水库下游一线。第五是黄花城水长城水库上游大庄科水泉沟一线，由昌赤路可达。

（3）山坡。相对于前两者，这是更常见的一种地貌类型，植物种类也相当多。这些山坡离马路、村庄和田地不远，易抵达，也不用买门票，来去方便。顺便提醒一句，停放汽车或自行车需注意安全，不能妨碍他人通行，更不能踩踏田地、庄稼。

延庆有很多景区，但看植物未必要到景区，人少的地方更适合。

交通始终是个问题

由北京城区北二环德胜门到达延庆县城只有76千米，但这段路程一直是个问题。我第一次到延庆是在1984年，到八达岭一带看花岗岩，那时还没有高速公路。30多年来，道路虽然修了不少，但供给总是满足不了需求，交通问题并没有完美解决。瓶颈在于军都山，翻越八达岭来去都不容易，也正因为此，延庆好似北京之外的世界。现在，借冬奥会的东风，正在修建42千米的“冬奥路”（兴延高速），希望能够实质性地解决交通问题。

北京城区到延庆已有一条半高速路，京藏高速算一条，京新高速只算半条，因为京新高速只修了一半且只允许货车通行。坦率地说，这两条高速的规划均缺乏远见，标准严重偏低（比如道路过陡，相对较窄），无法适应日益增长的道路通行需求。如果说当初修建京藏高速时国家财力有限，人们的认识水平有限，从而导致道路通行标准低的话，那么修建京新高速就不应再按老模式了。在110国道基础上改造的京新高速虽然是半截子高速，收费却一点不含糊。经过莲花滩收费站进延庆小车收15元，由延庆进北京则收25元，小车要与大货车一起排长队交现金（这里没安装ETC）！令北京人不敢北上还有一个原因：复杂的交通检查。由河北进入北京要经历东花园和康庄两次综合性交通检查，一次检查需要几秒钟到几分钟不等，但为此可能要排队等上30分钟，甚至几个小时。当然，即使按目前的硬件条件，如果严格执行客货分离的原则，交通状况也会大大改善。现实情况是，一旦有缓慢行驶的大货车，整条高速路就会变成“低速路”，甚至严重堵车。八达岭高速堵车是常事，也经常出事故，严重时可堵一两个、甚至四五个小时。有人称这段高速公路是世界上最慢的高速公路。从2016年夏季开始，由于改变了规则，情况有很大改善。

除了这一条半高速公路，还有一条高速公路可达延庆。由北京向西南行驶，转到首都环线高速（G95），由河北涞水向北，经野三坡可到张家口下花园区，再转京新高速到达延庆。这属于“曲线”走法。

高速之外，许多不错的山间公路也可达延庆。看植物，应尽可能悠闲地行进。熟悉道路，沿途观景，了解风俗民情，品尝特产，再加上看植物，一举多得。我个人推荐的线路排序为：①北京昌平区流村—白洋沟（或高崖口）—镇边城—大营盘—东花园—康庄。这一线有许多重要历史、人文景观，植物种类也相当多。②昌平区长陵—大庄科—永宁（昌赤路S212）。这一线从每年7月底开始沿途可采到多种蘑菇。③昌平区长陵—黄花城—四海—刘斌堡—永宁。④怀柔区汤河口—千家店（或四海）—永宁。如上线路我走过多遍，各有特点。

从河北出发由北向南至少有两条丰常有特色的公路可达延庆。第一条是：赤城—雕鹗—大海陀—姜庄子—阎家坪—西大庄科—松山—张山营。第二条是：雕鹗—后城—白河堡水库—永宁。①

---

① 从国家战略发展的角度看，由北京向北应当修建一条“京满高速铁路”，线路规划是：北京昌平—河北后城—赤城—沽源—内蒙古太仆寺—桑根达来—锡林浩特—东乌珠穆沁旗—阿尔山—新巴尔虎左旗—满洲里。可分四期实施。第一期2021年修到河北赤城。第二期2024年修到内蒙古锡林浩特。第三期2027年修到阿尔山市，第四期2030年修到满洲里市。这条高速铁路的意义有三重：第一，作为京津冀一体化工程的一部分，使河北北部真正成为度假胜地。北京正北方有大量优秀的度假资源，唯一的短板是交通。长期以来，有关部门比较重视东西横向干线的建设，忽视了南北纵向干线的建设。第二，是振兴内蒙古和东北的重要举措，将来还可向东延伸。第三，是中蒙、中俄贸易往来的重要通道。

除了看花还能做什么

本书服务于野外看花，不过，看花的过程中可以顺便做些别的事情。比如观鸟，比如采食野菜、野果和蘑菇。

采野菜有许多限制，在辨识清楚的同时还不能破坏生态。有朋友让我编一本《北京野菜》，考虑到对一些物种的不利影响，我暂时“克制”了。但野果和蘑菇是可以采的，采集过程就是绝好的博物体验。以前我写过“北京野果”的小文章，收在《天涯芳草》中，不在这里重复了，下面只推荐延庆境内容易见到的几种野果和采集时间：

○鸡桑（*Morus australis*）和蒙桑（*M. mongolica*），桑科。果实俗称桑葚。5月。

○牛叠肚（*Rubus crataegifolius*），蔷薇科。也叫山楂叶悬钩子、托盘、覆盆子。7月。

○东北茶藨子（*Ribes mandshuricum*），虎耳草科，也分在茶藨子科、醋栗科中。8月。

○胡桃楸（*Juglans mandshurica*），胡桃科。也叫核桃楸、山核桃。它属于坚果，要剥了外皮，砸开果壳才能食用。8~9月。

○山葡萄（*Vitis amurensis*），葡萄科。9月。

○山楂（*Crataegus pinnatifida*），蔷薇科。9~10月。

○山荆子（*Malus baccata*），蔷薇科。10月。

延庆能食用的蘑菇种类非常多，安全起见，不要乱采。菌类专家不能只顾着用洋文发论文，得为百姓编一本《北京蘑菇手册》。我呼吁多年，最近稍有动静。在此我推荐几种在延庆经常见到、可食且容易辨识的蘑菇：

○棕灰口蘑（*Tricholoma terreum*），俗称小青蘑、小灰蘑。

个头较小。8～10月油松林中常见。与秋季的小白菜一起煮汤味道相当不错。

○毛铆钉菇（*Gomphidius tomentosus*）和黏铆钉菇（*G. glutinosus*），俗称松树伞、肉蘑。

○长茎黄枝瑚菌（*Ramaria invalii*），也叫扫帚蘑。

○美味牛肝菌（*Boletus edulis*）。

○黏盖牛肝菌属（*Suillus* sp.）的若干种。俗称黏团子。有小毒，需要炒、煮足够长的时间才可食用。

○松乳菇（*Lactarius deliciosus*），也叫铜绿菌。

在延庆看植物，一年四季都可进行。单纯赏花的话，可从4月延续到10月。追踪某种植物发芽、长叶、开花、结果，需要在一年中的不同时间到同一地点反复观察。如果用多年的资料进行对比，则更好。一个普通的草坡，在夏季里每一周都会上演不同的大戏，各种野花依次开放。一周不来，就错过一场好戏。为了瞧见某种植物，可能要多次登山。比如为寻找箭报春我去了三次玉渡山，为了寻找辽吉侧金盏花我四次前往水泉子沟。值吗？当然值，体验过程非常有趣。

野生植物的自然生长地是山野户外；见到有趣的植物应克制，不要采挖。记住具体地点，喜欢的话明年再来。实在需要，可采集根以外的部分植株，但濒危种及受保护的植物不可动。收集种子试种是可以的。

延庆的野花属于延庆、属于大地，不属于某个人、某个单位。观赏植物是一种有趣的博物活动，而博物学强调尽可能少、尽可能轻地人为地改变大自然。

人类个体生存于层层嵌套的环境之中。只有保护好缓慢演化而来的、十分精致复杂的大自然，我们才有机会年复一年地赏花。

祝大家心情好。博物自在！

牛叠肚的果实，由小核果集生于花托上而成的一种聚合果。香甜。

东北茶藨子的果实，酸甜可口。

山葡萄。果粒不大，而且种子较多，但味道非常好。如果采集较多，吃不了可熬制葡萄水。

山楂。同一物种果实大小不一，果实中等者口味为佳。

山荆子的果实。熟透时甘甜，不涩。

黏铆钉菇，俗称松树伞或肉蘑。

周边博物线路推荐

以延庆为中心，向西可到达张家口鸡鸣山、黄龙山庄。

向东北经过延庆硅化木地质公园，可到怀柔喇叭沟门原始森林风景区。

向西南可达张家口大营盘长城、镇边城。

向北经过赤城后城可到达塘子庙温泉、赤城寒谷温泉、赤城黑龙山国家森林公园。

由赤城向西北可到达张家口崇礼的草原天路；由省道（S345）在南山窑收费站转张承高速（G95）可通往沽源、多伦、丰宁、承德。

由赤城继续北上可到达赤城金阁山风景区、冰山梁、沽源五花草甸、闪电河景区及丰宁境内的千松坝国家森林公园。再向北可通往达里诺尔及黄岗梁。

野花图鉴

知母（*Anemarrhena asphodeloides*）

百合科

知母

长梗韭（*Allium neriniflorum*），基生叶匍匐，鳞茎近球形。叶中空具纵棱。

百合科

野韭（*Allium ramosum*），叶三棱状条形中空，具横生的粗壮根状茎。花白色，花被片具红色中脉。

百合科

长柱韭（*Allium longistylum*）

百合科

球序韭（*Allium thunbergii*）

百合科

玉竹（*Polygonatum odoratum*）

百合科

铃兰（*Convallaria majalis*）

百合科

藜芦（*Veratrum nigrum*）

百合科

鹿药（*Maianthemum japonicum*），学名据FOC，即英文版《中国植物志》。

百合科

虎尾草（*Lysimachia barystachys*），通常称狼尾花。中文名据FOC。

报春花科

狭叶珍珠菜（*Lysimachia pentapetala*）

日本续断（*Dipsacus japonicus*）

川续断科

日本续断

地笋（*Lycopus lucidus*），根茎横走肥大。茎绿色，节上多少带紫红色，无毛，偶尔于节上疏生硬毛。

唇形科

欧地笋（*Lycopus europaeus*）

唇形科

益母草（*Leonurus japonicus*），学名据FOC。

荫生鼠尾草（*Salvia umbratica*）

唇形科

荫生鼠尾草

唇形科

粘毛黄芩（*Scutellaria viscidula*）

唇形科

香青兰（*Dracocephalum moldavica*）

唇形科

密花香薷（*Elsholtzia densa*）

蓝萼香茶菜（*Isodon japonicus* var. *glaucocalyx*），学名据FOC。以前香茶菜属写作*Rabdosia*。

唇形科

糙苏（*Phlomis umbrosa*）

唇形科

毛水苏（*Stachys baicalensis*）

唇形科

毛水苏

苦参（*Sophora flavescens*）

豆科

硬毛棘豆（*Oxytropis hirta*）

豆科

大山黧豆（*Lathyrus davidii*），也叫茳芒香豌豆。

豆科

大山黧豆

大山黧豆

豆科

达乌里黄耆（*Astragalus dahuricus*）

豆科

花苜蓿（*Medicago ruthenica*）

豆科

蝙蝠葛（*Menispermum dauricum*），茎右手性。

防己科

落新妇（*Astilbe chinensis*）

虎耳草科

落新妇

虎耳草科

落新妇

虎耳草科

裂瓜（*Schizopepon bryoniifolius*）

花蔺（*Butomus umbellatus*），水生。花被片两轮。蓇葖果。

花蔺科

桔梗（*Platycodon grandiflorus*）

桔梗科

羊乳（*Codonopsis lanceolata*）。茎通常左手性，个别为右手性。

桔梗科

羊乳

桔梗科

羊乳

桔梗科

党参（*Codonopsis pilosula*）

狭叶沙参（*Adenophora gmelinii* subsp. *gmelinii*），据FOC。

荠苨（*Adenophora trachelioides*）

桔梗科

银线草（*Chloranthus japonicus*），也叫四块瓦。

繁缕景天（*Sedum stellariifolium*），也叫火焰草。

款冬（*Tussilago farfara*）

菊科

款冬

菊科

款冬

菊科

林泽兰（*Eupatorium lindleyanum*）

菊科

猫儿菊（*Hypochaeris ciliate*）

菊科

马兰（*Aster indicus*）

菊科

东风菜（*Doellingeria scaber*），植株高大，叶柄具翅。

东风菜

菊科

多花麻花头（*Serratula polycephala*）

菊科

风毛菊（*Saussurea japonica*）

菊科

蒙古风毛菊（*Saussurea mongolica*）

菊科

蒙古风毛菊

银背风毛菊（*Saussurea nivea*）

菊科

银背风毛菊

菊科

乌苏里风毛菊（*Saussurea ussuriensis*）

菊科

银背风毛菊（左）和乌苏里风毛菊（右）的花与叶对比。

齿叶风毛菊（*Saussurea neoserrata*）

细叶鸦葱（*Scorzonera pusilla*），叶两面被蛛丝状柔毛。

细叶鸦葱

菊科

福王草（*Prenanthes tatarinowii*）

菊科

大丁草（*Leibnitzia anandria*），分春型和秋型，此为秋型。学名据FOC。

苍术（*Atractylodes lancea*）

菊科

线叶菊（*Filifolium sibiricum*）

菊科

翠菊（*Callistephus chinensis*）

菊科

黄瓜假还阳参（*Crepidiastrum denticulatum*），以前称秋苦荬菜、黄瓜菜。拉丁学名调整了许多次，中文名也变来变去。茎上部叶耳状抱茎。秋天开花，黄色。在延庆松山极常见。

菊科

额河千里光（*Senecio argunensis*），也叫羽叶千里光。

菊科

林荫千里光（*Senecio nemorensis*）

菊科

绒背蓟（*Cirsium vlassovianum*）

菊科

绒背蓟

菊科

蜻蜓兰（*Tulotis fuscescens*）

兰科

蜻蜓兰

兰科

绶草（*Spiranthes sinensis*）

兰科

手参（*Gymnadenia conopsea*）

兰科

支柱蓼（*Polygonum suffultum*），基生叶卵形至卵状披针形，密集，具长柄。茎生叶基部心形。花序短穗状。

蓼科

齿翅蓼（*Fallopia dentatoalata*），茎左手性，果具3翅，翅上有齿。

蓼科

辐状肋柱花（*Lomatogonium rotatum*）

龙胆科

扁蕾（*Gentianopsis barbata*）

龙胆科

白首乌（*Cynanchum bungei*）

白首乌

萝藦科

露珠草（*Circaea cordata*）

柳叶菜科

露珠草

柳叶菜科

羽叶铁线莲（*Clematis pinnata*），原来称细花铁线莲。模式标本采自北京附近。二回或一回奇数羽状复叶，小叶3～9片，下部叶的小叶多，上部少。二岐聚伞花序，花多达20多朵。花未开时呈四棱锥状，粉白色，开后四深裂，展开呈“十”字形。

羽叶铁线莲

毛茛科

羽叶铁线莲

棉团铁线莲（*Clematis hexapetala*）

毛茛科

棉团铁线莲

短尾铁线莲（*Clematis brevicaudata*）

毛茛科

短尾铁线莲

毛茛科

大叶铁线莲（*Clematis heracleifolia*）

毛茛科

芹叶铁线莲（*Clematis aethusifolia*）

毛茛科

芹叶铁线莲

黄花铁线莲（*Clematis intricata*）

毛茛科

黄花铁线莲

黄花铁线莲

毛茛科

辽吉侧金盏花（*Adonis ramosa*），据FOC。

辽吉侧金盏花

毛茛科

辽吉侧金盏花

耧斗菜（*Aquilegia viridiflora*）

毛茛科

东亚唐松草（*Thalictrum minus* var. *hypoleucum*），小叶3浅裂。花丝白色丝形；花药长圆柱形，淡黄色。

毛茛科

东亚唐松草

毛茛科

北京水毛茛（*Batrachium pekinense*），浮水叶裂片较宽、肥厚。花瓣白色，基部亮黄色。

北京水毛茛

毛茛科

北京水毛茛

北乌头（*Aconitum kusnezoffii*），花序常分枝，比华北乌头花宽，开花时植株通常倾斜。

北乌头

毛茛科

北乌头，共有2个花瓣（蜜叶），包裹在盔形的上萼片中；具唇和距。为了看得更清楚，图中的花瓣已经从上部的“盔帽”中轻轻拿出。

毛茛科

华北乌头（*Aconitum jeholense* var. *angustius*），叶片细裂。总状花序顶生。花序轴和花梗上有贴伏短柔毛。学名据FOC。

毛茛科

华北乌头

毛茛科

兴安升麻（*Cimicifuga dahurica*），花单性，雌雄异株。萼片白色，花瓣状。在东北民间称苦龙芽。此为雄株，花药白色。

兴安升麻。此为雌株，雄蕊退化，花丝前端无花药。背景为叶的背面。

兴安升麻

类叶升麻（*Actaea asiatica*）

毛茛科

类叶升麻

毛茛科

赤麻（*Boehmeria silvestrii*）

荨麻科

艾麻（*Laportea cuspidate*）

荨麻科

麻叶荨麻（*Urtica cannabina*）

荨麻科

狭叶荨麻（*Urtica angustifolia*）

荨麻科

宽叶荨麻（*Urtica laetevirens*）

荨麻科

透茎冷水花（*Pilea pumila*）

蓬子菜（*Galium verum*）

茜草科

龙芽草（*Agrimonia pilosa*）

蔷薇科

委陵菜（*Potentilla chinensis*），叶背面白色。

腺毛委陵菜（*Potentilla longifolia*），叶两面皆绿色。

腺毛委陵菜

蔷薇科

菊叶委陵菜（*Potentilla tanacetifolia*），叶两面都为绿色。

莓叶委陵菜（*Potentilla fragarioides*）

蔷薇科

山芹（*Ostericum sieboldii*），三回三出式羽状分裂。

山芹

伞形科

毛山芹（*Ostericum sieboldii* f. *hirsutum*），通常生长于溪水边。

毛山芹

伞形科

小窃衣（*Torilis japonica*），茎有纵条纹及刺毛。

小窃衣

伞形科

北柴胡（*Bupleurum chinense*）

伞形科

北柴胡

伞形科

柳叶芹（*Czernaevia laevigata*）

伞形科

柳叶芹

伞形科

柳叶芹

柳叶芹

伞形科

峨参（*Anthriscus sylvestris*）

伞形科

峨参

伞形科

防风（*Saposhnikovia divaricata*）

辽藁本（*Ligusticum jeholense*）

伞形科

蛇床（*Cnidium monnieri*），花柱基略隆起。分生果长圆状，横剖面长五角形。

伞形科

蛇床

黑柴胡（*Bupleurum smithii*）

伞形科

泽芹（*Sium suave*）

伞形科

泽芹

伞形科

石防风（*Peucedanum terebinthaceum*），花柱基圆锥形，花柱向下弯曲，长度超过花柱基。

伞形科

石防风

伞形科

石防风

伞形科

华忽布（*Humulus lupulus* var. *cordifolius*），也叫酒花，茎左手性，据《北京植物志》。《中国植物志》和FOC未收录。在北京分布较广，延庆、怀柔、密云皆有。

全叶大蒜芥（*Sisymbrium luteum*），也叫黄花大蒜芥。基生叶有长柄。花黄色。

十字花科

全叶大蒜芥

全叶大蒜芥

十字花科

白花碎米荠（*Cardamine leucantha*）

十字花科

槲寄生（*Viscum coloratum*），寄生在山杨树上。

浅裂剪秋罗（*Lychnis cognata*）

石竹科

浅裂剪秋罗

蔓茎蝇子草（*Silene repens*），瓣片中裂，两侧无小齿。花柱3。

石竹科

石生蝇子草（*Silene tatarinowii*），瓣片浅2裂，两侧中部具1线形小裂片。

石竹科

鹅肠菜（*Myosoton aquaticum*）

石竹科

睡菜（*Menyanthes trifoliata*），原来放在龙胆科，现独立出来。北京濒危物种，只分布在延庆田宋营，急需专门保护。

睡菜科

睡菜

穿龙薯蓣（*Dioscorea nipponica*），茎左手性。

穿龙薯蓣

穿龙薯蓣

翼果薹草（*Carex neurocarpa*）

莎草科

透骨草（*Phryma leptostachya* subsp. *asiatica*）

透骨草科

旋花（*Calystegia sepium*），花要比田旋花、打碗花大许多。

旋花科

金灯藤（*Cuscuta japonica*），也叫日本菟丝子、大菟丝子，茎右手性。

旋花科

山罗花（*Melampyrum roseum*）

玄参科

短腺小米草（*Euphrasia regelii*）。叶互生（《北京植物志》及《中国植物志》描述为对生）。见于松山溪水边。

玄参科

匍茎通泉草（*Mazus miquelii*），学名据FOC。

黄堇（*Corydalis pallida*）。果实念珠状，下垂，但不扭动（区别于蛇果黄堇）。

罂粟科

黄堇

罂粟科

小药八旦子（*Corydalis caudata*）

小药八旦子

罂粟科

野鸢尾（*Iris dichotoma*），开过的花通常左旋。

野鸢尾

鸢尾科

西伯利亚远志（*Polygala sibirica*）

西伯利亚远志

白鲜（*Dictamnus dasycarpus*）

芸香科

白鲜

芸香科

白鲜

芸香科

角蒿（*Incarvillea sinensis*），花苞外形具有5次旋转轴和5个对称面，但开放之后则左右对称（只有1个对称面）。

紫葳科

本土植物是美的、好的，但许多外来种不断入侵北京延庆。图中植物叫刺果瓜（*Sicyos angulatus*），也叫刺瓜藤，是来自美国东北部的一种葫芦科植物。它会导致玉米等作物大量减产，果实外面的毛刺能轻易扎透牛仔裤。见到这种恶性入侵植株，最好戴上手套连根拔掉。（拍摄点坐标：E115°56’38.95，N40°30’52.56。拍摄日期：2016年9月17日。沿水渠的另一入侵点坐标为：E115°54’59.52，N40°30’12.70）

延庆秋景。（在珍珠泉乡三岔口的垭口小道上，由北向南拍摄。2016年10月22日）

后记

《延庆野花》与2016年8月出版的《崇礼野花》是姊妹篇。

延庆与崇礼相距不远，2022年冬季奥运会雪上项目在这两个地方举行。

两地的植物也有相当多的重叠。两书体裁相同，目标读者也差不多，因而两书收录的物种不宜重复。

我的原则，一是《崇礼野花》在先，同类野花不重复展现，比如缬草、山丹、箭报春、紫苞风毛菊、北黄花菜、柳兰、瓣蕊唐松草、翠雀、东北南星、埃氏马先蒿等两地都有的种类，《崇礼野花》中收录过，这里就不再收录。《延庆野花》收录120余种（或亚种、变种）草本植物。二是，此书依然只收草本植物。木本植物并非不好看，相反，好看的非常多，比如山桃、小花溲疏、红丁香（*Syringa villosa*）、东陵绣球（*Hydrangea bretschneideri*）、多种绣线菊、太平花、山荆子、小叶梣（*Fraxinus bungeana*）、巧玲花（*Syringa pubescens*）、省沽油（*Staphylea bumalda*）、华北忍冬（*Lonicera tatarinowii*）、金花忍冬（*L. chrysantha*）、蚂蚱腿子（*Myripnois dioica*）、美蔷薇（*Rosa bella*）、照山白、迎红杜鹃等植物的花，都相当漂亮，我也拍过许多照片。但编书总得有个限制，特别是当物种数非常多时。也许木本植物“强势”一些，本着弱者优先的原则，只好先编草本的（实际上草本植物的生存能力一点儿不比木本弱），将来也许会编一本木本的。可能会有人提出质疑，在所收的种类当中，也有不是纯粹草本的！没错，有个别属于半木本或有点木质化，但“草性”实足，于是就收录了。任何划分都是人为的，不可能完全反映大自然的面貌。

本书的编写是基于多年的图片积累。最近又有针对性地补拍了一些。2016年8月3日早晨我路过松山，在一条小山沟中看到毛茛科铁线莲属的一种不认识的植物，附近有短尾铁线莲和大叶铁线莲。我猜测它是一个新种或新变种，因为综合看其花形、花序、茎、叶的形状与以前熟悉的各种铁线莲都对不上。着实高兴了几个小时，但仔细核对文献，发现这个植物早已被人描述过。看来，我还是无缘发现一种新植物！当时很能体会纳博科夫当年的心境。不过，也有收获。能确认我见到的是非常典型的植株：同一株植物同时具备了科学家以前人为分作多个种（变种）的各自特点，这意味着原来的分法可能不成立。我仔细记录了坐标，以后会不断造访，观察此物种的生长、繁殖状况。后来跟铁线莲属专家谢磊先生索要他发表的两篇专业论文，读后也确认了他们的结论：*C.pinnata*与*C.tatarinowii*及*C.pinnata* var. *ternatifolia*其实都指一种东西。这意味着FOC的划分不成立。

我老家在东北吉林通化，北京是第二故乡。我经常在北京周边山野里转悠，愿意分享对大自然的感受。我会向怀特（Gilbert White）学习，用自己的微薄之力描述、记录家乡的一草一木。

编写野生植物图册，通常做法是多人参与，收录多人拍摄的图片。我不喜欢那么做，这与是否愿意合作无关。我觉得只有自己拍摄的照片，名实对应才靠谱（不是充分条件，却是很重要的条件），因为自己非常清楚是何时在何地拍摄的。但一个人"一条龙"操作也有巨大的风险，特别是我并非专家，只是一名爱好者，鉴定不准确时，希望行家及时告知（邮件地址为huajie@pku.edu.cn），以便重印时改正，谢谢！

感谢王钊、谢磊、林秦文、于婧、杨虚杰的帮助。

感谢老朋友张冀峰为本书题写书名。

刘华杰

2016年7月31日（申奥成功一周年）初稿

2016年12月6日修订

山杨的落叶

延庆，三季赏景、观花，一季滑雪。图为万科石京龙滑雪场，教练正教学员滑雪。

植物名索引